Jenny Filon

Landnutzungswandel im Himalaya

GRIN Verlag

Bibliografische Information der Deutschen Nationalbibliothek:

Die Deutsche Bibliothek verzeichnet diese Publikation in der Deutschen National-
bibliografie; detaillierte bibliografische Daten sind im Internet über http://dnb.d-
nb.de/ abrufbar.

Impressum:

Copyright © 2009 GRIN Verlag GmbH
Druck und Bindung: Books on Demand GmbH, Norderstedt Germany
ISBN: 978-3-656-17746-3

Dieses Buch bei GRIN:

http://www.grin.com/de/e-book/192717/landnutzungswandel-im-himalaya

Oberseminar
„Physische Geographie Indiens"
SoSe 2009

Landnutzungswandel im Himalaya

vorgelegt von:

Jenny Filon

30. Juni 2009

1. Abstract

Einhergehend mit dem starken Bevölkerungswachstum des indischen Subkontinents kommt es derzeit verstärkt zu einem Wandel der Landnutzungsformen in den besiedelten Gebieten des Himalaya. Um eine Nahrungsmittelversorgung der Bergbevölkerung gewährleisten zu können, setzen die Kleinbauern verstärkt auf eine Expansion der Ackerflächen in die angrenzenden Waldgebiete, die aufgrund dessen einen großen Teil ihrer Fläche einbüßen müssen. Erosionserscheinungen und der Verlust fruchtbaren Bodens sind die Folge. Auch der Ausbau der Infrastruktur birgt ungeahnte Folgen. Die Schaffung von Marktzugängen bedingt einen Wandel von der traditionellen Subsistenzwirtschaft hin zu einer marktorientierten Produktion von sog. „cash crops", die hohe Gewinne erzielen und so den Lebensstandart der Bevölkerung verbessern. Doch diese Monokulturen bringen Risiken mit sich, die einer nachhaltigen Entwicklung der Region entgegen wirken.

2. Einleitung

Landwirtschaftliche Nutzung und die damit einhergehende Existenzsicherung der Bevölkerung ist wohl nirgends so schwierig und gefährdet wie in den zahlreichen Hochgebirgsräumen der Erde. Naturrisiken und Naturkatastrophen wie gravitative Massenbewegungen, Starkniederschläge oder ähnliche unvorhersehbare Ereignisse die eine Ernte gefährden können, ermöglichen Landnutzung nur unter erschwerten Bedingungen. Des Weiteren bedingen die naturräumlichen Verhältnisse der einzelnen Gebirgsstufen, hervorgerufen durch individuelle klimatische Bedingungen, spezifisch abgestimmte Landnutzungssysteme um die agrarökologischen Potenziale und Limitierungen sinnvoll aufeinander abzustimmen.

Auch im Himalaya, der die natürliche Nordgrenze des indischen Subkontinentes bildet, sind die Landnutzungsmuster als Ausdruck eines aktiven Anpassungsprozesses an die naturräumlichen Verhältnisse zu sehen.

Die spezifische Klima- und Vegetationsstufung in Hochgebirgen bedingt höhenangepasste Nutzungsformen, die sich im Himalaya vor allem durch agro-pastorale Mobilitäts- und Flexibilitätsmuster (Verknüpfung von Wanderfeldbau und Tierhaltung) ausdrücken und auf eine möglichst große Risikostreuung abzielen.

Durch den Wandel der sozioökonomischen Strukturen Indiens, vor allem hervorgerufen durch das starke Bevölkerungswachstum des Landes, kommt es jedoch zu einem stetig voranschreitenden Wandel der Landnutzungsformen, der sich im Himalaya besonders in einer Intensivierung der Bodenbearbeitung, einem Wandel der Anbauprodukte hin zu gewinnbringenden „cash crops" sowie der großräumigen Entwaldung zur Erschließung neuen Ackerlandes ausdrückt. Daraus resultierende Ressourcendegradation und damit einhergehende ökologische Probleme und Umweltveränderungen wie verstärkte Bodenerosion, Verlust von Anbauflächen oder Fluten wirken sich wiederum nachteilig auf

Indien und seine Bewohner aus und gefährden die Existenssicherung der Bevölkerung von neuem.

Eine integrative Perspektive, die dieses Beziehungs- und Wirkungsgefüge sowohl unter natur- als auch unter sozialwissenschaftlichem Blickwinkel untersucht, ist demnach nötig um Lösungsansätze für eine nachhaltige und ressourcenschonende Landnutzung ausarbeiten zu können.

„Die Transformation der Kulturlandschaft markiert die Schnittstelle zwischen natur- und sozialwissenschaftlichen Betrachtungs- und Herangehensweisen. Aufgrund der Diversität des Landschaftswandels sind generell regionale Fallstudien erforderlich, die das Ausmaß und die Richtung rezenter Landschaftsveränderungen in hoher räumlicher und zeitlicher Auflösung dokumentieren " (Nüsser in: Meusburger u. Schwan 2003:333).

Mit Bezug auf dieses Zitat soll in dieser Ausarbeitung ein Überblick über den Wandel der Landnutzung anhand der Wirkungszusammenhänge zwischen naturräumlicher Ausstattung, Nutzungssystemen und Landschaftsveränderungen durch Fallbeispiele im Kumaon- und Garhwal-Himalaya verdeutlicht werden.
Ein einleitendes Kapitel wird vorab auf aktuelle Entwicklungsdynamiken im gesamten Himalaya-Gebirgsraum, hinsichtlich Bevölkerung, Landnutzung, Waldbestand sowie Infrastruktur eingehen.
Im Hauptteil (Kapital 3-5) wird diese Thematik dann anhand der Fallbeispiele ausführlich untersucht. Kapitel 3 wird dabei zunächst einen groben regionalen Überblick über das gesamte Untersuchungsgebiet geben, mit besonderem Fokus auf den ökologischen Höhenstufen und den sich daraus ergebenden aktuellen Landnutzungsformen, sowie einen Einblick in das agro-pastorale Nutzungssystem der Bergbevölkerung.
In Kapitel 4 werden dann die einzelnen Untersuchungseinheiten des Kumaon- und Garhwal-Himalaya noch einmal gesondert betrachtet. Hier sollen Ursachen, Muster und Auswirkungen des Landnutzungswandels anhand von regionalen Fallbeispielen detailliert beleuchtet werden.
Lösungsansätze für eine nachhaltige und ressourcenschonende Landnutzung in Kapitel 5 runden die Ergebnisse schließlich ab und sollen einen Anstoß zur weiteren Vertiefung der Thematik bieten.

3. Der Himalaya – aktuelle Entwicklungsdynamiken

Der knapp 33.000 km² umfassende Himalaya grenzt an insgesamt 8 Länder. Neben Afghanistan, Pakistan und Indien verfügen auch China, Nepal, Bangladesch und Myanmar über Staatsgebiet in einem der höchsten Erdräume der Erde.

Für Indien stellt er die natürliche Nordgrenze dar, mit Höhen bis über 5000 m.

Seine dreigeteilte Topographie ist v.a. für die ansässigen Bergvölker von Bedeutung, da diese ihre Nutzungssysteme zur Nahrungsmittelproduktion entsprechend der klimatischen Bedingungen der einzelnen Höhenstufen anpassen müssen (näher in Kapitel 4).

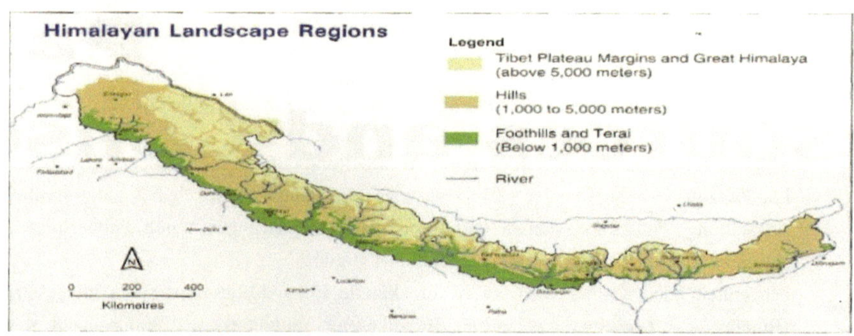

Abbildung 1: Gebirgsregionen des Himalaya (Zurick et. al 2005: 70)

Wie der Abbildung zu entnehmen schließt sich an die Zone der Bergausläufer und Tarai-Ebenen mit Höhen bis ca. 1000 m der sog. „Vordere Himalaya", der mit Höhen bis ca. 5000 m die höchsten Bevölkerungsdichten des gesamten Himalaya-Raumes aufweist. Anschließend erhebt sich die Himalaya-Hauptkette mit dem tibetischen Himalaya der Höhen über 5000 m aufweist.

3.1 Bevölkerung

Ein Faktor der mit Sicherheit entscheidend zum Landnutzungswandel im Himalaya beiträgt ist der Anstieg der Bevölkerung. Einhergehend mit dem Bevölkerungszuwachs das ganz Indien erfährt, verzeichnet auch das Himalaya-Gebiet vereinzelt Zuwachsraten von über 4 %/J.

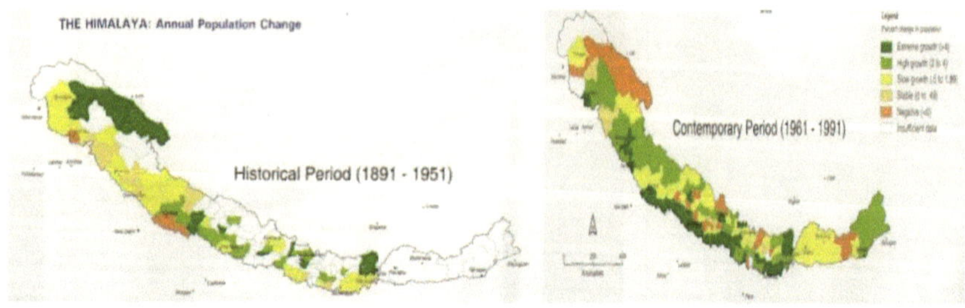

Abbildung 2: Bevölkerungsdynamik 1891-1991 (Zurick et. al 2005: 54)

Waren die Jahre 1891-1951 noch von relativ geringem Wachstum geprägt, mit nur vereinzelten Bezirken hauptsächlich im Nordwesten die einen hohen Zuwachs erfuhren, änderte sich diese Entwicklung von den 60er Jahren bis in die 90er Jahre schlagartig. Vor allem die Zonen der Bergausläufer und Ebenen sind hier hervorzuheben, wobei diese Entwicklung überwiegend auf starke Migrationsbewegungen zurückzuführen ist (vgl. Zurick et. al 2005:54).

Einhergehend mit einer erneuten Abwanderung der Bevölkerung im Nordwesten und wenigen Ausnahmen mit stabiler Bevölkerungsdynamik, weisen allerdings auch die restlichen Bezirke Zuwachsraten von 0,5 bis 4 %/J auf.

Bedingt durch diese Entwicklung stieg auch die Bevölkerungsdichte im Himalaya, was den Druck auf Kulturland, Wälder und Wasserressourcen stark erhöht hat. Diese Dynamik fand ihren Höhepunkt in den 60er Jahren und hat dazu geführt, dass v.a die höheren Bereiche stärker besiedelt wurden, sodass sich dort aufgrund der terrassierten und auch stärker genutzten Hänge höhere Erosionspotenziale ergeben und somit Degradationserscheinungen beeinflussen.

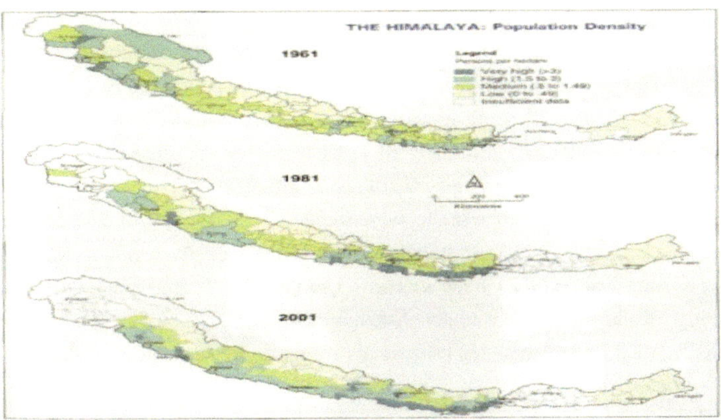

Abbildung 3: Bevölkerungsdichte 1961-2001 (Zurick et. al 2005: 53)

3.2 Landnutzung

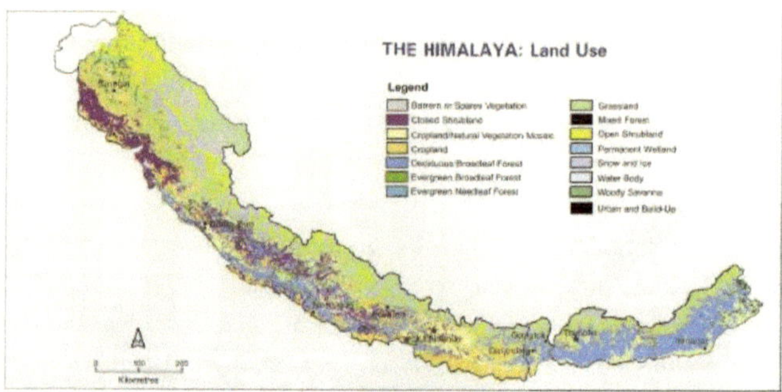

Abbildung 4: Landnutzung (Zurick et. al 2005: 71)

Wie die Abbildung zeigt sind die Landnutzungssysteme über den gesamten Himalaya verteilt sehr komplex und differenziert. Im Rahmen dieser Ausarbeitung macht dies eine exemplarische Darstellung einzelner Regionen unumgänglich und wird später in Kapitel 4 gegeben.

Hervorzuheben sei hier nur, dass die Nutzungssysteme der Bergbevölkerung durch die Topographie, den verfügbaren Boden sowie durch das Klima der einzelnen Höhenstufen limitiert werden und somit Anpassungsstrategien erfordern um eine ausreichende Nahrungsversorgung gewährleisten zu können. In diesem Zusammenhang und v.a. in Bezug auf das beschriebene Bevölkerungswachstum kommt es so zu einer verstärkten Ausweitung der Kulturfläche in die angrenzenden Wälder sowie zu einer Ausdehnung der Weideflächen auf Kosten nutzbaren Ackerlandes, da einhergehend mit dem Bevölkerungswachstum auch die Vierherden in ihrer Größe zunehmen. Diese nehmen eine wichtige Rolle im agro-pastoralen Nutzungssystem der Bergvölker ein und verstärken somit letztlich noch einmal den Prozess des Landnutzungswandels (s. Fallbeispiele).

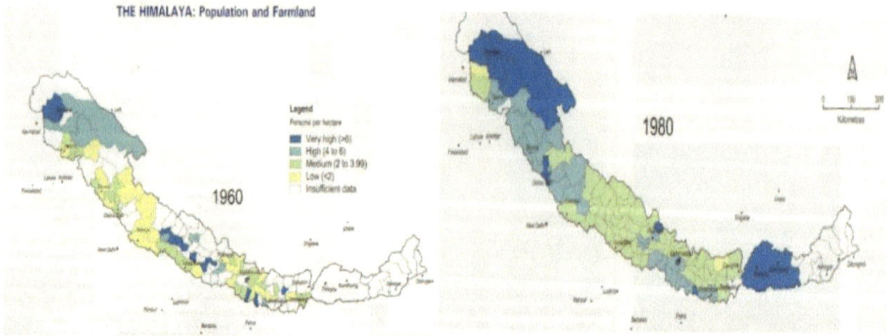

Abbildung 5: Bevölkerung und Ackerland (Quelle: Zurick et. al 2005: 74)

Da Kulturflächen im Himalaya nur begrenzt zur Verfügung stehen, steigt einhergehend mit dem Bevölkerungswachstum der Druck auf die bestehenden Ackerflächen, da durch jede einzelne nun eine größere Anzahl an Menschen versorgt werden muss. Dieser Anstieg ist v.a im Jahr 1980 deutlich zu sehen. In Bezug auf die Folgen dieser Entwicklung kann so einerseits und je nach Möglichkeiten der Bauern die Produktivität der Farmen erhöht werden, es kann aber auch dazu führen, dass durch Übernutzung ein Kollaps der lokalen Ökosysteme hervorgerufen wird, der so zu erhöhter Armut der von den Feldern abhängigen Bevölkerung führt (vgl. Zurick et. al 2005:74).

3.3 Waldbestand

Der Waldbestand im Himalaya weist derzeit sehr unterschiedliche Stadien auf. Im indischen Himalaya, der in dieser Ausarbeitung Betrachtung finden soll, sind knapp 52 % der Fläche von Wald bedeckt. Dieser findet sich hauptsächlich im Bundesstaat Arunachal Pradesh, mit einer Dichte von mehr als 90 %.

Abbildung 6: Waldbedeckung im Himalaya (Quelle: verändert nach Zurick et. al 2005: 79)

Ein Waldflächenverlust lässt sich v.a. in den Jahren 1890-1950 für die Garhwal- und Kumaon-Region feststellen. Dort kam es in diesem Zeitraum zu Verlusten von knapp 2 %/J.

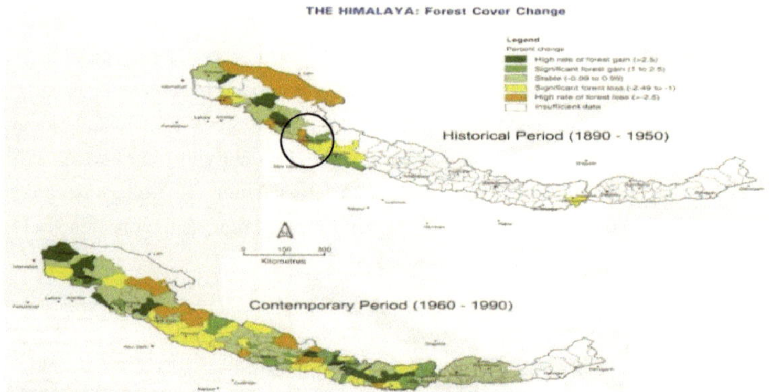

Abbildung 7: Veränderung der Waldbedeckung 1890-1990 (Quelle: verändert nach Zurick et. al 2005: 82)

Von 1960 bis 1990 hat sich dieser Verlust allerdings über knapp ein Drittel des gesamten Himalayas ausgeweitet. Ein kein regionaler Trend lässt sich jedoch nicht erkennen. Wie Abbildung 7 zu entnehmen, gab es auch Gebiete mit einem Zuwachs an Waldfläche, sodass für genauere Untersuchungen lokale Betrachtungsweisen notwendig sind um letztlich gefährdete Gebiete ausgrenzen und Schutzmaßnahmen einleiten zu können.

3.4 Infrastruktur

Der Ausbau des Straßennetzes ist ein weiterer wichtiger Faktor, der zu einem Landnutzungswandel im Himalaya beiträgt. Wie die Fallbeispiele noch genauer zeigen werden, kommt es so zur Schaffung von Marktzugängen, die für die Kleinbauern einen Wechsel von der traditionellen Subsistenzwirtschaft hin zur einer marktorientierten Produktion ermöglichen. So können höhere Gewinne erzielt und der Lebensstandart erhöht werden.

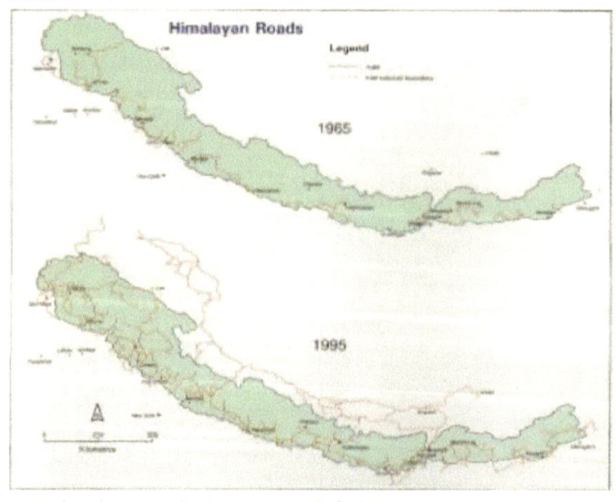

Abbildung 8: Ausbau des Straßennetzes 1965-1990 (Quelle: Zurick et. al 2005: 61)

Ein deutlicher Ausbau im gesamten Himalaya lässt sich dieser Abbildung entnehmen. Als schwerwiegende Folge dieser Entwicklung lässt sich hier v.a. die Destabilisierung der Hänge hervorheben, wodurch es verstärkt zu Rutschungen und Erosionserscheinungen kommen kann.

Kumuliert man die einzelnen Faktoren, die den Landnutzungswandel im Himalaya mit beeinflussen, lässt sich deutlich ein erhöhtes Erosionspotenzial im gesamten Untersuchungsgebiet feststellen.

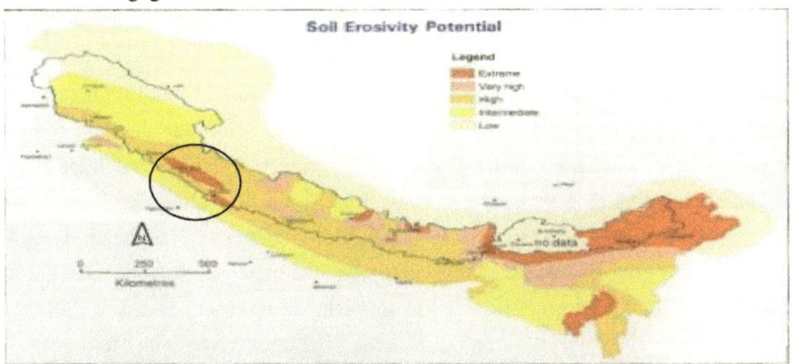

Abbildung 9: Erosionspotenzial im Himalaya (Quelle: verändert nach Zurick et. al 2005:42)

Stark betroffen sind hier v.a. die östlichen Gebiete, sowie die Garhwal- und Kumaon Region im Bundesstaat Uttaranchal, die nun in den weiteren Kapiteln nähere Betrachtung findet und als exemplarisches Beispiel für den Landnutzungswandel im Himalaya herangezogen werden soll.

4. Die Kumaon- und Garhwal-Region – ein regionaler Überblick

Die zwei Landschaftsräume des Kumaon- und Garhwal-Himalayas bilden zusammen den nördlichen Bundesstaat Uttaranchal.

Dieser wurde im November 2000 als 27. Bundesstaat der indischen Republik gegründet und grenzt im Norden an den Himalaya, östlich an Nepal, südlich an Uttar Pradesh, im Südwesten an Haryana und westlich an Himachal Pradesh. 47,325 km² der Gesamtfläche Uttaranchals bestehen aus

Abbildung 10: Der Staat Uttaranchal mit den beiden Hauptregionen Kumaon und Garhwal (Nüsser in: Löffler u. Stadelbauer 2008: 108)

Gebirgszügen, mit Hochebenen (ind.: *Danda*) über 4000m, die durch zusätzliche 3800 km²
der Tarai-Ebenen ergänzt werden, welche sich nördlich der Ganges-Ebenen entfalten und
mit einem Ausmaß von 150x40 km, 230 m über dem Meeresspiegel liegen (ind.: *Ganghar*)
(vgl. Vishwambar 2005: 77). Von dieser Gesamtfläche sind ca. 22,9 % als Waldgebiet
ausgezeichnet und knapp 46,5 % stehen unter landwirtschaftlicher Nutzung (Stand:
2005/2006 vgl. Department of Agriculture and Cooperation, Government of India).

Vor der Gründung Uttaranchals bildeten die Kumaon- sowie die Garhwal-Region den
nördlichen Teil des Staates Uttar Pradesh mit den Bezirken Dehradun, Uttarkashi, Tehri,
Pauri und Chamolik in Garhwal und den Bezirken Nainital, Almora und Pithoragarh in
Kumaon.

Diese territoriale Loslösung gilt heute als Ergebnis einer fast 50-jährigen Protestbewegung
der Gebirgsbevölkerung, die die wirtschaftlich einflussreichen Gruppen des Tieflandes für
Entwicklungsrückstände der Bergregionen verantwortlich machten. Die
Gebirgsbevölkerung sah sich mit einer systematischen Vernachlässigung der Bergregionen
durch den bürokratischen Verwaltungsapparat in der damaligen Hauptstadt Lucknow
konfrontiert und forderte eine stärkere ökonomische Teilhabe der lokalen Bevölkerung
(vgl. Nüsser 2006: 14). Unzureichende Hilfe der Regierung nach einem verheerenden
Erdbeben im Jahr 1991 verstärkten die separatistischen Anliegen und mit der
Machtübernahme der hindunationalistischen Bharatya Janata Partei (BJP) im Jahr 1998,
folgte die Trennung.

Seitdem umfasst Uttaranchal mit 51,125 km², 17,3% der Gesamtfläche Indiens und mit
knapp 8 Mio. Einwohnern, 6,0% der Gesamtbevölkerung. Die durchschnittliche
Bevölkerungsdichte liegt bei 94,4 Einwohnern pro km².

Aufgrund einer Dominanz des primären Sektors in Uttaranchal, der überwiegend auf
Subsistenzwirtschaft basiert, ist es für die Bevölkerung von großer Bedeutung ihre
Nutzungssysteme entsprechend der Höhenstufen anzupassen um die unterschiedlichen
agrarökologische Potenziale und Limitierungen hinsichtlich der Anbaumöglichkeiten, der
Waldbedeckung sowie der Weidennutzung ausnutzen bzw. umgehen zu können.

Diesbezüglich soll im Folgenden zunächst ein grober Überblick über die einzelnen
Höhenstufen und Landnutzungsmuster in Uttaranchal gegeben werden um so einen
Grundstein zum besseren Verständnis der Bedingungen in den Fallbeispielen im Kumaon-
und Garhwal-Himalaya zu legen, die letztlich den in Kapitel … beschriebenen Wandel
exemplarisch darstellen sollen.

4.1 Landschaftszonen und Höhenstufen Uttaranchals

Die Tarai-Ebenen, mit den Bezirken Haridwar und Dehra Dun, die bis zu einer Höhe von ca. 1000m reichen kennzeichnen sich durch tropische, wechselfeuchte Salwälder, die allerdings nur noch in steileren Hanglagen existieren und fast gänzlich als sog. „state-

Abbildung 11: Topographie von Uttaranchal (Otto 2000)

governed reserved Forests" ausgewiesen sind. Diese Waldgebiete unterliegen staatlicher Kontrolle und bedienen die industrielle Nachfrage des Staates. Eine weitere Unterteilung stellen die „community forests", die die Nachfrage der lokalen Bevölkerung sicherstellen sollen, sowie die „protected forests" dar, die im Rahmen des Natur- und Umweltschutzesschutzes erhalten werden sollen. Diese werden zwar vom „Government Forest Departement" kontrolliert. Dürfen aber im Sinne der Landwirtschaft frei genutzt werden (vgl. Semwal et al. 2004: 83).

Daran anschließend erhebt sich in nördlicher Richtung der Vordere oder auch *Himanchal* genannte Himalaya, der Kammlagen von 1500-3000 m aufweist. Dieser 70-100 km breite Gebirgsgürtel wird dominiert von Emodikiefern, die schon im frühen 20. Jahrhundert zur Extraktion von Rohterpentin genutzt wurden und heute z.B durch Waldweide in das agro-pastorale Nutzungssystem der Bergvölker eingebunden sind. Bezirke in dieser Zone sind u.a. Tehri, Almora sowie Pithoraghar.

An den Vorderen Himalaya schließt sich die 30-50 km breite Himalaya-Hauptkette an, die sich durch zahlreiche Gletscher mit bis zu 7000 m Höhe auszeichnet. Einer davon ist der Nanda Devi mit einer Höhe von 7.816 m.

Den nördlichsten Teil bildet letztendlich der tibetische Himalaya der im sechsmonatigen Winter mächtige Schneedecken aufweist und aufgrund dessen ausschließlich in den Sommermonaten in die Landnutzung eingebunden werden kann (vgl. Nüsser u. Gerwin in: Löffler u. Stadelbauer 2008: 109-110).

Diese unterschiedlichen Höhenstufen bedingen aufgrund der naturräumlichen und klimatischen Gegebenheiten unterschiedliche Landschafts- und somit Landnutzungsformen, die von artenreichen Wäldern in flachen, glazial geprägten Tälern der montanen Stufe bis hin zu alpinen Wiesen, die als Weideland genutzt werden, reichen.

4.2 Das agro-pastorale Nutzungssystem am Beispiel der Bhotiya-Bevölkerung

Das knapp 100 km von Süden nach Norden reichende Gori-Ganga-Tal, inmitten des Kumaon Himalayas, dient noch heute als Heimat für zahlreiche Bergvölker. Vor allem die höher gelegenen Talabschnitte werden dabei von der sog. Bhotiya-Bevölkerung bewohnt, deren agro-pastorale Landnutzungsform ein besonders gutes Beispiel für die Anpassungsstrategien der Bergbewohner an die naturräumlichen Ausstattungen der einzelnen Höhenstufen darstellt.

Die Bhotiyas verknüpfen in ihrer typischen Nutzungsform mobile Tierhaltung mit dem Anbau von Feldfrüchten in einem mehrgliedrigen Staffelsystem, das sich durch ein Wanderungsmuster zwischen Sommer- und Winterweide äußert. Die Tierhaltung spielt dabei eine entscheidende Rolle, da die Herden sowohl Nahrung in Form von Milch o.ä. Produkten liefern, als auch hinsichtlich des Anbaus der Feldfrüchte, da die Exkremente der Tiere als Dünger genutzt werden. In den Sommermonaten dienen dann die zahlreichen Weiden sowie die Wälder der montanen und submontanen Stufe als Futterdepot für die Tiere. Im Winter wird zusätzlich mit selbst angebauten Trockenfutter, meist Nebenprodukte der Feldfrüchte, in den Stallungen zugefüttert (vgl. Nüsser u. Gerwin in: Löffler u. Stadelbauer 2008:111).

Ein erstmaliger Aufstieg zu den Sommersiedlungen in den Tälern des Vorderen Himalaya, die auf einer Höhe von knapp 1500 m liegen, vollzieht sich Ende April. Die üppigen Wälder dienen dann als Futterreservoir für die Tiere und die Bauern treffen die Vorbereitungen für den Anbau von Gerste, Buchweizen und Kartoffeln. Zwischen Mai und Juni werden die Herden dann zu den bis auf 3500 m hoch gelegenen Weiden der alpinen und subalpinen Stufe getrieben. Diese liegen meist auf flacheren Hangabschnitten im Gletschervorfeld. Nach der Ernte Ende September geht es dann zurück in die Wintersiedlungen auf den niedrigeren Höhenstufen (vgl. Nüsser 2006: 18-19).

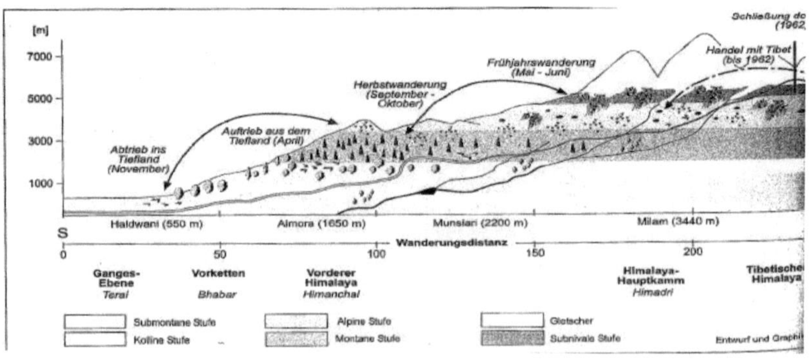

Abbildung 12: Traditionelles Mobilitätsmuster der Bhotiya-Bevölkerung (Nüsser 2006: 18)

Dieses Nutzungssystem lässt sich gegenwärtig auf fast alle Bergdörfer der untersuchten Region übertragen und verdeutlicht v.a. die starke Abhängigkeit der Bergbevölkerung von den Tierpopulationen. Welches folgenschwere Wirkungsgefüge diese Dependenz mit sich bringt soll später in Kapitel 4, nach einer kurzen Darstellung der traditionellen Anbauprodukte der Region thematisiert werden.

4.3 Traditionelle Landnutzung

Neben der Ausrichtung auf die unterschiedlichen Höhenstufen passt sich die traditionelle Landnutzung jährlich an die zwei unterschiedlichen Hauptanbauzeiten an, die sich wiederum an den indischen Jahreszeiten orientieren und auf die dann vorherrschenden Bedingungen abgestimmt sind. Hierbei wird unterschieden zwischen einer *Rabbi-* und einer *Kharif*-Season.

Rabbi Season

Die Rabbi Season erstreckt sich von November/Dezember bis März/April, in Höhenlagen von Dezember/Januar bis Mai/Juni *(winter season)*. Hauptanbauprodukte sind Weizen, Gerste, Senf, Erbsen, Mungbohnen und Masur (einheimische Linsenart). Weizen, Mungbohnen und Erbsen weisen v.a. in den Ebenen eine hohe Produktivität auf, wohingegen Gerste, Senf und Masur in Höhenlagen einen größeren Ertrag erwirtschaften.

Kharif Season

Die Kharif Season beginnt im Mai/Juni und vollzieht sich bis September/Oktober, in Höhenlagen von Juni/Juli bis Oktober/November *(rainy season)*. Reis ist in dieser Zeit das Hauptprodukt und wird bis zu einer Höhe von ca. 1800 m angebaut. Auf einigen flachen Hängen der Hochebenen kommt es derzeit zu einem vermehrten Anbau von Kartoffeln, die einerseits auf schwer bewirtschaftbarem Gebiet anbaufähig sind und andererseits eine hohe Produktivität aufweisen und so auf lokalen Märkten gewinnbringend verkauft werden können.

Des Weiteren wird ein sog. *intercropping system* angewendet um auch die Zeiten zwischen den beiden Hauptanbauzeiten nutzen zu können. So werden z.B. Hülsenfrüchte wie Hirse im frühen Winter vor der Regenzeit und Gerste im Hochsommer vor der heißen und trockenen Zeit angebaut. Weitere Produkte sind Wasserbrotwurzel, Kürbis, Bohnen, Mais, Ingwer, Gurke, Chili und Tabak (Vishwambar 2005: 84-85).

Eine genaue Darstellung der einzelnen Höhenstufen mit den dort vorzufindenden Hauptanbauprodukten ist der folgenden Tabelle zu entnehmen.

Tabelle 1: Hauptanbauprodukte der Region (Vishwambar 2005: 84).

Ecological sub-region	Altitude (m)	Chief crops
Lower Dun, Terai	300~600	wheat, rice, and sugarcane
Upper Dun, Bhabar, Lower Shivaliks	600~1,200	wheat, rice, mandua, jhangora, chaulai, and maize
Middle Garhwal-Kumaon	1,200~1,800	wheat, rice mandua, jhangora "cheena" (Panicum miliaceum), potato, and barley
Upper Garhwal-Kumaon	1,800~2,400	wheat, barley, potato, chaulai, cheena, phaphra" (Fagopyum tataricum)
Cold Zone	2,400~3,600	SUMMER- wheat, barley, potato, phaphra, chaulai, "kauni", "ogal", kodo" (Fagopyum esculentum), "uva" (Hoycleum himalayanse)

5. Landnutzung im Wandel – Ursachen, Muster und Auswirkungen

Das Gebirgssystem des Himalaya zeichnet sich nicht nur durch seinen großen Einfluss auf das Klima Südasiens aus sonder vielmehr, und vor allem in Bezug auf die Bergbevölkerung, durch seine große Biodiversität. Die zahlreichen Wälder des Himalaya, die fast 50 % des gesamten Waldbestandes von Indien ausmachen, sind von hoher Bedeutung für knapp 90 % der Bergbevölkerung, die wie in Kapitel 3.3 beschrieben in unabhängigen sozio-ökologischen Gemeinschaften wohnen und deren agro-pastorales Nutzungssystem nicht ohne die Energie der Wälder in Form von Futter für die Herden und Dünger überlebensfähig wäre (vgl. Singh et al. 2008: 429 u. Rao et al. 2003: 94).

Doch wie schon in der Einleitung angeführt kommt es derzeit aufgrund des sozioökonomischen Wandels des Subkontinentes zu starken Veränderungen hinsichtlich der Nutzungsformen. Diese Veränderungen äußern sich zum einen in einer enormen Expansion der Landwirtschaft sowie zum anderen in einem Wandel der von Subsistenz geprägten Wirtschaftsstrukturen, hin zu einer marktorientierten Produktion von Monokulturen, den sog. "cash crops". Diese Entwicklung beruht dabei in weiten Teilen des Himalayas nicht zuletzt auf einem Ausbau der Infrastruktur sowie der staatlichen Subventionierung der Getreidepreise zur Sicherung der Grundversorgung (vgl. Saxena et al. 2005: 23).

Da also die traditionellen Methoden den erhöhten Bedarf an Nahrung nicht mehr decken können, scheint eine Ausweitung der Landwirtschaft in bisher unbewirtschaftete Regionen und ein Verlust der Agrobiodiversität unumgänglich. So kommt es neben dem Anbau von Monokulturen, die Risiken wie Klimavariabilität, sinkende Nachfrage, Beendigung der staatl. Subventionen etc. bergen, zur stetig fortschreitenden Entwaldung um die Ausweitung der Landwirtschaft vorantreiben zu können und die Nahrungsmittelversorgung der Bevölkerung zu gewährleisten.

Diese beiden Komponenten des Landnutzungswandels sollen in diesem Kapitel anhand zweier Fallbeispiele Betrachtung finden. Das Beispiel des Shail Gad Einzugsgebietes in der Kumaon-Region (Kapitel 4.1.3) soll dabei zunächst auf die fortwährende Entwaldung und deren schwerwiegende Folgen für die angrenzenden Ebenen eingehen. Eine Darstellung der Folgen des Anbaus von „cash crops" folgt anschließend am Beispiel des Pranmati Einzugsgebietes im Garhwal-Himalaya.

5.1. Entwicklung und Trends der Landnutzung in der Kumaon-Region

Schon im Jahr 1823 entschied die damalige britische Regierung die für die Landwirtschaft zur Verfügung stehende Fläche in der Kumaon-Region auszuweiten. So kam es bis zum Jahr 1860 zu einer Verdopplung des kultivierten Landes einhergehend mit einer verstärkten Ausbeutung der Wälder seit 1840. So stieg der Anteil der Kulturfläche mit einer Rate von 1,5 % pro Jahr.

Richtwerte die ein Verhältnis von 5-12 Hektar Wald pro Hektar Kulturland vorschlagen, um ein ökologisches Gleichgewicht aufrecht zu erhalten, werden im Kumaon-Himalaya mit 1,26 ha Wald pro Hektar Kulturfläche deutlich unterschritten.

Kaum mehr als 28,7 % der Fläche Kumaons sind heute noch von Wald bedeckt und nur 4,4 % dieser Fläche weisen eine Kronendichte von mehr als 60 % auf (vgl. Tiwari 2000: 103).

In den Jahren 1985-1995 stieg die Viehpopulation der Region um 1,67 % was den Druck durch Beweidung auf die Wälder noch einmal verstärkt hat. Dieser enorme Druck auf das Weideland führt letztlich zu einer Zerstörung der jungen Vegetation einhergehend mit einer zusätzlichen Destabilisierung der Hänge. Untersuchungen haben gezeigt, dass der Bodenabtrag durch unkontrollierte Viehhaltung (2340 kg/ha/J) wesentlich höher ist als in kontrollierten (750 kg/ha/J) oder nicht beweideten Gebieten (380 kg/ha/J) (vgl. a.a.O).

Auch der verstärkte Ausbau der Infrastruktur in den letzten Jahren hatte enormen Einfluss auf das hydrologische Gleichgewicht der Region. Jedes Jahr entstehen pro Kilometer Strasse ca. 550 m³ Schutt durch Rutschungen oder Steinschlag, die beim Abrutschen Vegetation zerstören, Bergbäche verstopfen und so zu Fluten führen können.

Diese Entwicklung der Infrastruktur, die natürlich einerseits sehr positive Effekte für die Bergbevölkerung mit sich bringt, birgt allerdings wieder ein neues Problem. Durch den so gewonnen Marktzugang kommt es zu einem Wechsel der Anbauprodukte, weg von den nur für den Eigenbedarf bestimmten Getreidesorten, hin zu gewinnbringenden Produkten, die auf den lokalen Märkten verkauft werden können. Diese Produkte sind u.a. Gemüse, Früchte und Blumen sowie Milch, durch deren vermehrte Produktion zwangsweise der Viehbestand erhöht werden muss, was bei nachlassender Produktion von Viehfutter, das im Winter zugefüttert werden muss, den Druck auf die Wiesen und Wälder noch einmal verstärkt. In den meisten Dörfern werden 86 %, bzw. 75 % der Gesamtproduktion an Gemüse- und Milchprodukten nur für den Verkauf hergestellt, sodass 75 % des Viehfutters nun durch die angrenzenden Wälder gedeckt werden muss.

Im Ergebnis führen diese Trends in der Landnutzung zu einem Anstieg der Transportfracht der Flüsse, was letztlich zu einem Rückgang der Wasserkapazität führt und so Flora und Fauna der Region stark beeinträchtigt (vgl. Tiwari 2000: 103f).

Wie sich diese Entwicklung genau äußert und welche Auswirkungen diese mit sich bringt wird nun in Kapitel 4.1.3 durch konkrete Untersuchungen am *Shail Gad Einzugsgebiet*, dem *Balia Einzugsgebiet* sowie der *Bhaber-Tarai Ebene* illustriert.

5.1.1 Fallbeispiel: Shail Gad Einzugsgebiet, Balia Einzugsgebiet, Bhaber-Tarai Ebenen

<u>Shail Gad Einzugsgebiet</u>

Das Shail Gad Einzugsgebiet befindet sich im Vorderen Himalaya und gehört mit ca. 10 km² Fläche zum Bezirk Almora. Die Höhenbereiche variieren zwischen 1100 – 1900 m. Der durchschnittliche Niederschlag liegt bei 1400 mm und mehr als 70 % der Bevölkerung leben von der Landwirtschaft.

<u>Balia Einzugsgebiet</u>

Südlich davon erstreckt sich das Balia Einzugsgebiet, mit einer Fläche von 74 km² und Höhenunterschieden die von 546 m bis 2610 m reichen. Der durchschnittliche Niederschlag liegt hier bei 3000 mm und ca. 67 % der Bevölkerung leben vom traditionellen Getreideanbau.

<u>Bhaber-Tarai Ebene</u>

Im äußersten Süden Kumaons erstrecken sich anschließend die sog. Bhaber-Tarai Ebenen, die knapp 3990 km² umfassen und zu den Bezirken Nainital und Udham Singh Nagar zählen. Die Höhenunterschiede belaufen sich hier auf 215 – 500 m und der durchschnittliche Niederschlag liegt bei 1750 mm. Hier dominiert v.a die schon beschriebene marktorientierte Landwirtschaft.

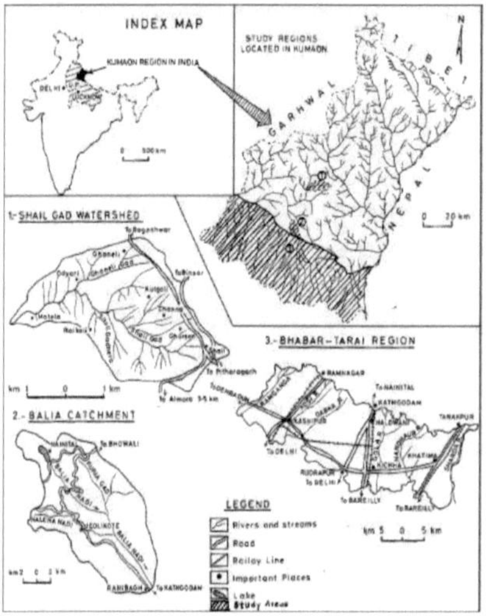

Diese drei Untersuchungsgebiete stellen sowohl das Ökosystem Gebirge mit dem Shail Gad Einzugsgebiet und dem Balia Einzugsgebiet dar sowie das Ökosystem der Ebenen, die nun in ihrer Wechselbeziehung zueinander untersucht werden sollen. Dabei gehen die Untersuchungen der ersten beiden

Abbildung 13: Die Untersuchungsgebiete im Kumaon-Himalaya (Tiwari 2000: 105)

Gebiete auf den durch den Landnutzungswandel bedingten Anstieg bzw. Rückgang der Parameter Kulturfläche, Waldfläche und Bodenerosion ein und finden durch die Untersuchungen in den Ebenen Ergänzung.

Ergebnisse:

Im Bereich des <u>Shail Gad Einzugsgebietes</u> lässt sich ein Anstieg der Kulturfläche deutlich nachweisen.

Mit dem Wachstum der Bevölkerung stieg der Anteil der kultivierten Fläche in den Jahren 1965-1995 von 26,32 % auf 37,68 %. Dies fordert eine Kulturfläche von 0,12 ha pro

Kopf bei einem von Ashish 1983 aufgestellten Richtwert von 0,20 ha pro

Forest (% of total area)			Cultivated land (% of total area)		
1965	1995	% change	1965	1995	% change
3.79	2.92	0.87	51.20	67.37	16.17
21.40	17.45	3.95	20.10	31.42	11.32
21.40	20.96	0.44	17.15	22.98	5.83
39.74	37.76	1.98	41.38	52.87	11.49
27.45	28.42	0.97	17.20	23.30	6.10
39.70	38.27	1.43	10.10	13.31	3.21
19.40	18.80	0.60	27.10	30.77	3.67
24.70	19.62	5.08	26.32	37.68	11.36

Tabelle 2: Veränderung der Wald- und Nutzfläche an der Shail Gad Wasserscheide (Tiwari 2000: 106).

Kopf, die eine nachhaltige Entwicklung der Region gewährleisten sollen. Des Weiteren werden Richtwerte zur Viehhaltung stark unterschritten. Auf einen Richtwert von 3,5 ha Weideland pro Herde kommen hier lediglich 0,20 ha. Der Rückgang der Waldfläche liegt bei 5,1 %.

Fast man diese Ergebnisse zusammen lässt sich deutlich erkennen, dass der Druck auf die bereits existierenden Anbauflächen sowie auf die Wiesen und Wälder immer weiter steigen wird.

Zusätzliche Ergebnisse lieferten hydrologische Untersuchungen die herausfanden, dass 68,4 % des Gesamtniederschlags auf der Oberfläche abfließen, was zu einem Bodenverlust von jährlich 31,4 T/ha/J führt und so die Ausweitung der Kulturfläche in die angrenzenden Waldgebiete noch einmal verstärkt.

Untersuchungen im <u>Balia Einzugsgebiet</u> zeigen ähnliche Ergebnisse. Hier liegen zwar die Werte für die pro Kopf Kulturfläche und die Herdengröße über den Richtwerten, jedoch zeigen Messungen, dass der Anteil der kultivierten Fläche (+8,4 %), des Weidelandes sowie des degradierten Landes (+3,5 %) gestiegen ist (vgl. Tiwari 2000: 107).

Der Verlust der Waldfläche liegt hier sogar bei 11,9 % und die Werte des Abflusses übersteigen die der vorigen Ergebnisse deutlich. Im untersuchten Einzugsgebiet fließen 73,6 % des Gesamtniederschlags an der Oberfläche ab und bedingen so einen jährlichen Bodenverlust von 37,2 T/ha/J.

Die Auswirkungen der vorangegangenen Ergebnisse auf die Ebenen wurden mithilfe von vier Indikatoren untersucht:

- Anstieg der Flussbetten durch Verschlämmung
- Verlust von Bewässerungskapazität aufgrund einer geringer werdenden Kapazität zur Grundwasserbildung
- Anstieg der von Fluten betroffenen Fläche

- Anstieg der von Fluten verwüsteten Kulturfläche

Dabei stellte sich heraus, dass die Flussbetten mit einer jährlichen Rate von 16-29 cm steigen, was letztlich zu einem Rückgang des bewässerten Landes um fast 31 % führt.

Durch den starken Oberflächenabfluss in den Einzugsgebieten, wird der Oberboden der Hänge stark abgetragen und verschlämmt so in Form von Fluten die Ebenen. Im Einzugsgebiet des *Sharda* Flusses stieg der Anteil der von Fluten betroffenen Fläche in den Jahren 1970-1995 beispielsweise um 31,4 %. Ähnlich sieht es bei der von Fluten betroffenen Kulturfläche aus. Dieser Wert liegt im gleichen Flusseinzugsgebiet bei 47,3 %. Insgesamt kann sogar herausgestellt werden, dass sich der Anteil der von Fluten betroffenen Regionen im Kumaon Himalaya in den Jahren von 1953 bis 1980 von sechs Millionen Hektar auf 11 Millionen Hektar vergrößert hat. Der geschätzte Schaden beläuft sich dabei auf ca. 542 Mio. bzw. 8300 Mio. Rupien im Jahr 1980 (vgl. Tiwari 2000: 102-109).

Diese Ergebnisse verweisen schließlich noch einmal auf die Verbindung zwischen den beiden vorgestellten Ökosystemen, Gebirge und Ebenen, und unterstreichen so den enormen Einfluss des Landnutzungswandels auf das hydrologische Gleichgewicht der Region.

5.1.2 Folgen

Um die Folgen dieser Entwicklungen noch einmal zusammenzufassen soll ein Zitat von B. Messerli und Th. Hofer aus der Schriftenreihe „Water and the Quest for Sustainable Development in the Ganges Valley" vorangestellt werden, welches das Wirkungsgefüge der landwirtschaftlichen Expansion sehr treffend beschreibt.

„The chain of mechanisms seems to be very clear: population growth in the mountains; increasing demand for fuelwood, fodder and timber; uncontrolled and increasing forest removal in more and more marginal areas; intensified erosion and higher peak flows in the rivers; severe flooding in the densely populated and cultivated plains of the Ganges and Brahmaputra" (Messerli u. Hofer in: Chapman u. Thompson 1995:64).

So können die Entwicklungen in der Kumaon-Region als gutes Beispiel für die schwerwiegenden Folgen des rasanten sozioökonomischen Wandels herangezogen werden. Die Region ist ein besonderes Beispiel

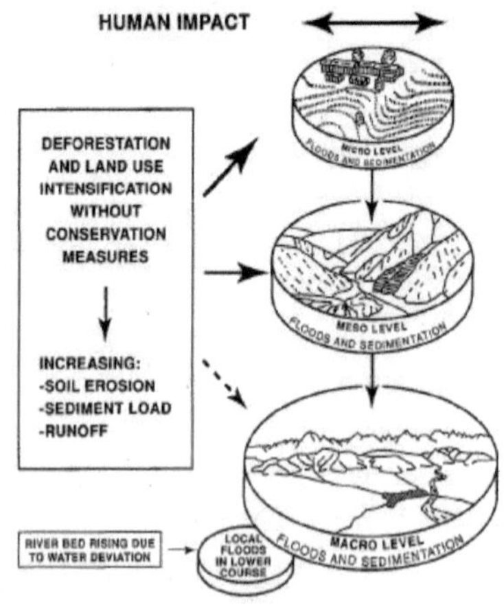

Abbildung 14: Wirkungsgefüge des antrophogenen Einflusses (Messerli u. Hofer in: Chapman u. Thompson 1995: 84)

dafür, dass die fortschreitende Entwaldung in der Region nicht nur den Wert der Wälder hinsichtlich des globalen Gleichgewichtes, sondern ebenso des regionalen ökologischen Gleichgewichts der Wassereinzugsgebiete herabsetzt. Die kontinuierliche Ausbeutung der Wälder führt zu einer Störung des hydrologischen Gleichgewichts der Region, indem sie zu verstärkter Bodenerosion sowie zu einer verminderten Grundwasserneubildung im Gebiet führt, die letztlich für die Bewässerung der Felder eine entscheidende Rolle spielt. Des Weiteren führt dies zu vermehrten Fluten die sich negativ auf die angrenzenden Ebenen auswirken. Bodenabtrag, Verschlämmung von Flüssen und Stauseen und ein Anstieg des Auftretens sowie der Stärke von Fluten erhöhen so die Verwundbarkeit der Region.

Nach P.C. Tiwari, Professor der Geographie der Universität Kumaon, auf dessen Artikel in der Zeitschrift „Land Use Policy" - „Land-use changes in Himalaya and their impact on the plains ecosystem: need for sustainable land use" in den Ausführungen Bezug genommen wurde, steht fest, dass das Gebirgssystem des Himalaya an der Grenze einer schweren ökologischen Krise steht (vgl. Tiwari 2000: 102). Nicht nur eine Ausdehnung der landwirtschaftlichen Fläche in Waldgebiete oder Marginalräume, sondern auch deren Expansion auf z.T. sehr steile Hänge, die exzessive Beweidung sowie die Ausweitung des Straßennetzes haben den hydrologischen Kreislauf aller großen Flussläufe der Region gestört.

„If the deforestation and soil erosion in Himalaya continue at the current rate the Indo-Gangetic plain may become a sad example of man-made desertification within 50 years" (vgl. a.a.O.).

Ein weiteres Beispiel für das Ausmaß und die Folgen dieses Wandels wird nun in Kapitel 4.2 betrachtet. Im Fokus steht hier vor allem die Veränderung der Anbauprodukte hin zu gewinnbringenden „cash crops" und deren Auswirkungen auf die Region.

5.2 Entwicklung und Trends der Landnutzung in der Garhwal-Region

Auch in der Garhwal-Region ist das agro-pastorale Nutzungssystem die einzige Existenzgrundlage der Bergbevölkerung. Diese ist auch hier wieder stark abhängig von den angrenzenden Wäldern zur Tierfutter- und Düngersicherung und eine Expansion der landwirtschaftlichen Fläche in die Wälder scheint auch hier für die Bauern nicht umgehbar zu sein. Des Weiteren kommt es in der Gahrwal Region zu einem verstärkten Wechsel der Anbauprodukte hin zu den sog. „cash crops", deren Entwicklung in den folgenen Ausführungen im Vordergrund stehen soll.

Die Zusammenfassung der von 1963-1993 durchgeführten Studie von R.L. Semwal et al. „Patterns and ecological implications of agricultural land-use changes: a case study from central Himalaya, India" aus der Zeitschrift „Agriculture, Ecosystems and Environment" soll genau diese Problematik beleuchten und somit die Ausführungen zur Kumaon-Region ergänzen.

Im Vordergrund steht dabei die Ausweitung des hoch produktiven Kartoffelanbaus in die Wälder und terrassierten Hänge der Höhenlagen, die letztlich auch als Folge der politischen Rahmenbedingungen gesehen werden kann. Der geschaffene Marktzugang im Zuge eines infrastrukturellen Ausbaus sowie die Subvention von Getreideprodukten des Staates zur Sicherung der Grundversorgung erhöhen letztlich die Tendenz der Bauern ihre Produktion auf gewinnbringende Produkte umzuwandeln um ihren Profit zu maximieren.

5.2.1 Fallbeispiel: Pranmati Einzugsgebiet

Das Pranmati Einzugsgebiet umfasst eine Fläche von 94 km² und grenzt an neun Dörfer. Die Höhenlagen variieren zw. 1120 und 4070 m. Der durchschnittliche Niederschlag beträgt hier 1700 mm.

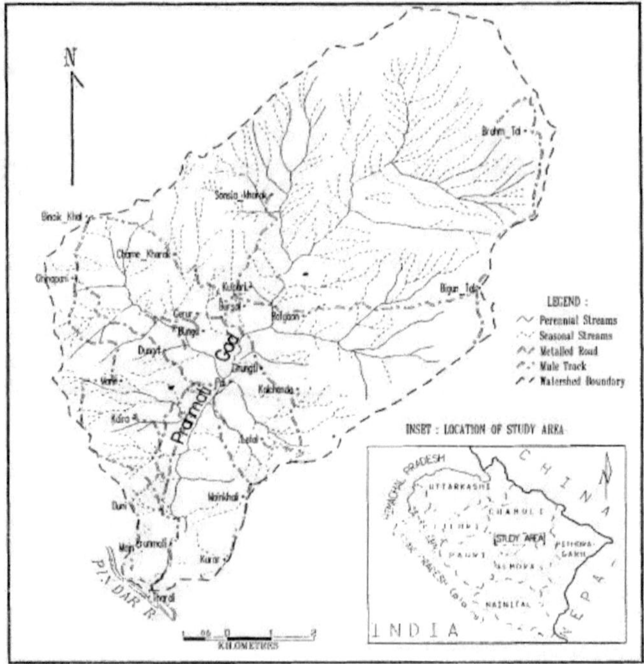

Abbildung 15: Pranmati Wasserscheide (Ghosh et al. 1996: 195)

Die Viehherden der umliegenden Dörfer werden sowohl mit einem Futtermix aus Nebenprodukten der eigenen Getreideernte sowie Grünfutter aus den Wäldern in den Stallungen zugefüttert als auch zum Weiden in die Wälder geführt. Das Laub der Wälder wird als Unterlage in den Stallungen benutzt sowie in einer Mischung mit den Exkrementen der Tiere als Dünger.

Eine Differenzierung lässt sich anhand der unterschiedlichen Anbauprodukte der einzelnen Höhenlagen vornehmen. Hauptanbauprodukte der Kharif-Season sind Amarant, Reis, Weizenhirse, Pferdebohne und Kartoffeln, wobei Reis und Weizenhirse in den niedrigeren Höhenlagen von 1120-1850 m dominieren. Kartoffeln und Amarant in den mittleren Höhenlagen (1850-2400) und ausschließlich Kartoffeln in den Hochlagen von 2400-2600 m.

In der Rabbi-Season werden Gerste, Linsen, indischer Senf und Weizen in den niedrigen und mittleren Höhenlagen angebaut. In Höhenlagen ausschließlich Senf. Jeder Haushalt hat im Schnitt eine Grundstücksparzelle in jeder Höhenlage.

Mit Bezug auf das Untersuchungsziel der Studie sollen im Folgenden nun die Ergebnisse hinsichtlich der Veränderungen einzelner, ausgewählter Parameter aufgeführt werden, mit einem besonderen Fokus auf den Folgen des Wandels hin zu Monokulturen in Kapitel 4.2.2.

Ergebnisse

Im Untersuchungszeitraum von 1963-1993 lässt sich sowohl ein Anstieg der Bevölkerung als auch des Viehbestandes verzeichnen. Lebten 1963 ca. 4760 Einwohner in der Region, stieg diese Zahl bis zum Jahr 1993 auf 10.551 Einwohner (vgl. Sen et al. 2002: 58). Dies ist ein Anstieg von 122 %. Der Viehbestand weist ähnliche Zahlen auf. Die Rinderpopulation stieg von 4590 auf 12.948 Tiere (+182 %), die der Schafe und Ziegen um 66 % und die der Maulesel um 33 %.

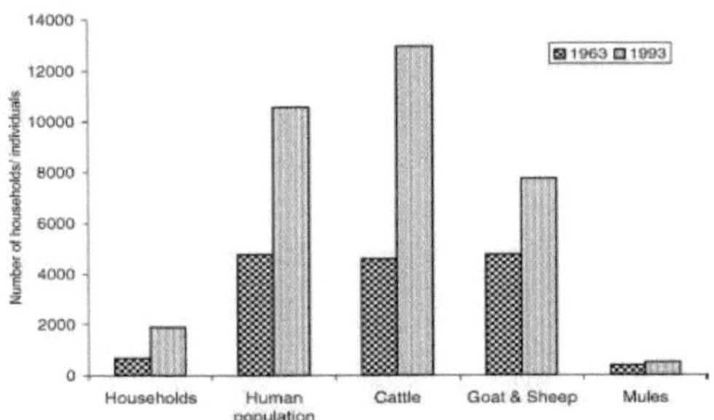

Abbildung 16: Bevölkerung und Viehbestand (Semwal et al. 2004: 85)

Ein Anstieg der landwirtschaftlichen Fläche, sowie der Größe der Parzellen lässt sich ebenfalls verzeichnen. In den 30 Jahren stieg der Anteil des Kulturlandes um 30 % zu Lasten der Wälder, die aufgrund dessen 5 % ihrer Fläche einbüßen mussten. Die Größe der Parzellen stieg im Schnitt um 87 %. Genauere Angaben dazu liefert die nachstehende Tabelle.

Tabelle 3: Expansion der Landnutzung auf verschiedenen Ebenen (Semwal et al. 2004:86)

	Percentage of total expansion in			Total[a]
	Reserve forests	Protected forests	Community forests	
Elevation class				
1150–1800 m	5.8	0.0	5.7	3.8
1800–2400 m	94.2	38.9	75.5	69.5
2400–2600 m	0.0	61.1	18.8	26.7
Slope class				
<10°	0.0	26.4	8.2	11.5
10–20°	9.3	29.2	19.4	19.3
20–30°	70.6	34.7	54.4	53.3
30–40°	20.1	9.7	18.0	15.9
Total[b]	5.6	59.6	34.8	

[a] Agricultural expansion in a given elevation/slope class as % of total expansion in watershed.
[b] Agricultural expansion in a given forest type as % of total expansion in watershed.

Deutlich wird hier u.a., dass sich die landwirtschaftliche Fläche auch und vor allem in die höher gelegenen „protected forests" sowie die „community forests" ausgeweitet hat. Dies ist möglich, da trotz der Einteilung in verschiedene Schutzzonen, jegliche Waldfläche als Futterstelle für die Herden sowie im Rahmen der Düngerproduktion genutzt werden darf (vgl. Semwal et al. 2004: 90).

Von besonderer Bedeutung für die hier bearbeitete Fragestellung ist allerdings der Wandel der Anbauprodukte.

So kam es in den Jahren 1963-1993 zu einem kompletten Rückgang der traditionellen Produkte wie Buchweizen, Schweinehirse und Fuchsschwanzhirse sowie teilweise zum Rückgang des Anbaus von Amarant, Weizenhirse, Fingerhirse und Pferdebohne, die durch den Anbau von Kartoffeln ersetzt wurden. Dies führte zu einem Anstieg der Kulturfläche unter Kartoffeln von 300 %.

Problematisch an dieser Entwicklung ist v.a. die erhöhte Bodenerosion auf Kartoffelfeldern. Der Bodenabtrag ist nach den Ergebnissen 4.3-, 5.5-, 6.3- und 7.9-mal höher als der von Amarant, Reis, Weizenhirse und Fingerhirse. Beispielsweise liegt der Bodenabtrag von Fingerhirse bei ca. 2300 kg/ha/J und im Vergleich dazu der Abtrag von Kartoffelfeldern bei 18080 kg/ha/J. Der Anteil des Oberflächenabflusses bietet ein ähnliches Bild. Fingerhirse weist einen Oberflächenabfluss von 301 m³/ha/J auf, Kartoffelfelder einen Abfluss von 1371 m³/ha/J.

Insgesamt stellten Semwal et al. heraus, dass der durchschnittliche Bodenabtrag auf Ackerland von 6200 kg/ha/J auf 11800 kg/ha/J, also um 90 %, gestiegen ist, sowie der Oberflächenabfluss von 670 m³/ha/J auf 1010 m³/ha/J, was einen Anstieg um 51 % bedeutet.

Soil loss and run-off ($n = 5$ plots) from rainy season crops grown in Prammati watershed, central Himalaya, India

Crop	Soil loss ($kg\,ha^{-1}$)	Run-off ($m^3\,ha^{-1}$)
Amaranth	4250	798
Barnyard millet	2872	324
Fingermillet	2300	301
Paddy	3279	491
Potato	18080	1371
Least significant difference ($P = 0.05$)	2320	261

Tabelle 4: Bodenabtrag und Oberflächenabfluss nach Anbauprodukten (Semwal et al. 2004: 87)

5.2.2 Folgen

Dieses Beispiel zeigt deutlich inwieweit die Veränderungen der politischen Rahmenbedingungen auf die Nutzungssysteme der Bevölkerung einwirken. Wie schon in Kapitel 4 betrachtet, führt der Ausbau der Infrastruktur, einhergehend mit der Schaffung eines Marktzugangs, sowie die staatlichen Subventionen hinsichtlich der Getreidepreise, um eine Grundversorgung der Bevölkerung zu gewährleisten, letztlich zum beschriebenen Rückgang der Agrobiodiversität aufgrund des Anbaus von Monokulturen – hier der Kartoffel. Diese lässt sie sich gewinnbringend auf den lokalen Märkten verkaufen und führt so letztendlich zu einer Gewinnmaximierung der Bauern. Diese Entwicklung birgt allerdings viele Risiken, die sich wiederum negativ auf die lokale Bevölkerung auswirken können. Eine sinkende Nachfrage, die Beendigung der staatlichen Subventionen für Getreide oder Jahre mit einer hohen Klimavariabilität sind Risiken die den Anbau von Monokulturen stark gefährden können.

Weiterhin lässt sich auch hier ein Wirkungsgefüge erkennen, das einer nachhaltigen Entwicklung der Region im Wege steht. Durch den verstärkten Anbau der Kartoffel einhergehend mit dem Rückgang der traditionellen Getreidesorten, deren Nebenprodukte zur Viehfütterung verwendet werden, erhöht sich letzten Endes der Druck auf die Wälder damit der stetig wachsende Viehbestand versorgt werden kann. Im Zusammenhang mit dem Verlust der Waldfläche aufgrund der landwirtschaftlichen Expansion führt dies zu einem Rückgang der Komplexität, Produktivität sowie des Boden- und Wasserhaltevermögens des Ökosystems Wald.

Zwar scheint der Waldbestand im Pranmati Einzugsgebietes noch nicht so weit zurückgegangen zu sein, dass negative Auswirkungen auf die lokale Bevölkerung angenommen werden, doch ist man sich sicher, dass die Existenssicherung der Bevölkerung bei anhaltendem Trend stark gefährdet ist (vgl. Semwal et. al 2004: 90).

Unsicher ist man sich hingegen bei der Frage, wie viel Biomasse des Waldes genutzt werden kann ohne nachteiligen Schaden zu hinterlassen und wie viel Waldfläche von Nöten ist um die Aktivität der Wasserscheide nicht zu gefährden. Dies bleibt Gegenstand weiterer Forschung.

Somit sind nachhaltige Lösungsstrategien notwendig um den Schutz der Natur und die Existenssicherung der Bevölkerung zu gewährleisten. Diese sollen im folgenden Kapitel die bisherigen Ausführungen zur Thematik des Landnutzungswandels ergänzen.

6. Lösungstrategien für eine nachhaltige Landnutzung

Um eine weitere Ausbeutung der Wälder zu stoppen und den Erhalt der traditionellen Anbauprodukte zu sichern, die eine hohe Biodiversität aufweisen und sich aufgrund der niedrigeren Erosionsraten (siehe die Ergebnisse in Kapitel 4.2.1) als ressourcenschonender erweisen, sind Lösungsstrategien erforderlich die eine nachhaltige Entwicklung der Region gewährleisten sollen.

Für P.C. Tiwari, dessen Studie in Kapitel 4.1.1. Betrachtung fand, ist der Schlüsselfaktor für diese Strategien vor allem ein integrative Planung und Politik der Landnutzung, die das gesamte Himalaya-Gebiet miteinschließt und durch eine verstärkte Zusammenarbeit zuständiger Institutionen hergestellt werden soll. Dazu müssten die verschiedenen Ministerien der Regierung mit ansässigen Nichtregierungsorganisationen zusammenarbeiten um Programme zur Ressourcensicherung zu formulieren, durchzuführen und letztlich um diese zu begleiten und zu kontrollieren. Dabei sollte der Fokus allerdings nicht nur auf einer Aufteilung verschiedener Nutzungszonen wie Ackerbau, Gartenbau, Wald etc. liegen, sondern vielmehr zu einer Abgrenzung kritischer Zonen sowie solcher die erhöhte Schutzmaßnahmen benötigen beitragen.

Für die Kumaon-Region schlägt er diverse Richtlinien vor, die meines Erachtens auf die gesamte Anbauregion Uttaranchals übertragen werden können. Diese Richtlinien lauten wie folgt:

- Aufbau einer nachhaltigen und umfassenden Landnutzungspolitik
- Limitierungen für den Ackerbau auf sensiblen Hängen deren Neigung 25 % überschreitet und auf Hängen in tektonisch stabilen Bereichen deren Neigung über 33 % liegt, da die Erosionsraten abhängig vom Neigungswinkel der Hänge sind
- Rehabilitation von bereits degradierten Flächen durch gesellschaftliche und private Bewaldungsmaßnahmen, deren Biomasse für Brennholz und Tierfutter zur Verfügung gestellt werden soll um den Druck auf die bereits existierenden Wälder zu reduzieren
- Verkleinerung der Viehpopulationen auf eine kontrollierbare Größe, da so die Erosionsraten herabgesetzt werden können, sowie eine verstärkte Zufütterung der Tiere mit Trockenfutter in den Stallungen (Vorraussetzung dafür ist das Wiederbeleben der traditionellen Anbauprodukte, da deren Nebenprodukte als Futter genutzt werden können)
- Anbau von bestimmten Pflanzen auf den Hängen um die Wasserquellen, die eine hohe Kapazität zur Wasserhaltung aufweisen
- Wiederbelebung traditioneller Fruchtfolgen („crop rotation"), da diese zum Erhalt der Produktivität der Anbauflächen beitragen und so ein hohes Potenzial hinsichtlich einer nachhaltigen und ressourcenschonenden Entwicklung der Region aufweisen

Ursprünglich, so P.C. Tiwari, ist der Erhalt der Natur tief mit den kulturellen Vorstellungen der Region verwurzelt, doch haben die bereits angesprochenen Veränderungen der sozioökonomischen Strukturen letztlich und nicht zuletzt zwangsläufig zu einem veränderten Handlungsbewusstsein der Bevölkerung geführt.

Tiwari nimmt allerdings an, dass es mithilfe einer Aufklärung der Bevölkerung zur Wiederbelebung der traditionellen Methoden kommen kann. Dazu sei es aber notwendig eine strukturierte Politik zu formulieren, die auf den wissenschaftlichen Interpretationen hinsichtlich der Wechselwirkungen zwischen Landnutzung, Bodenerosion, Wasserführung der Flüsse sowie des Sedimenttransportes beruht (vgl. Tiwari 2000: 110).

Ein Ansatz dafür ist möglicherweise das von Messerli und Hofer vorgeschlagene „Highland-Lowland"-Netzwerk, das eine Zusammenarbeit aller Länder empfiehlt, die die Wasserressourcen des Himalaya nutzen. Weitere Untersuchungen zu diesem Netzwerk gibt es allerdings bislang nicht.

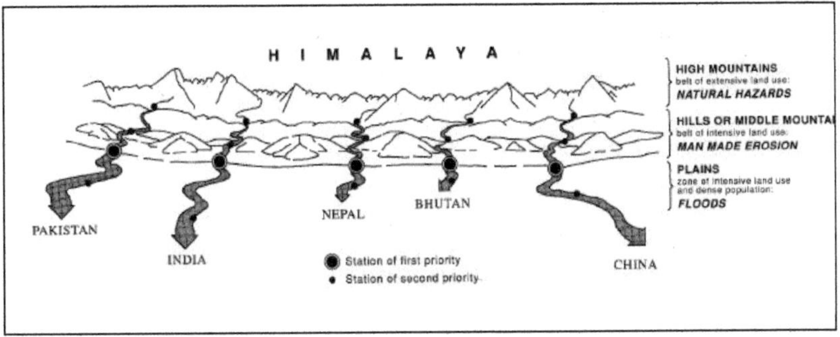

Abbildung 17: Highland-Lowland Netzwerk (Messerli u. Hofer in: Chapman u. Thompson 1995: 85).

7. Fazit

Wie in der Ausarbeitung aufgezeigt, bedingen die Veränderungen der sozioökonomischen Strukturen, die von einem enormen Bevölkerungswachstum bis zur Schaffung eines Marktzuganges durch den verstärkten Ausbau der Infrastruktur reichen, einen umfassenden Wandel von der traditionellen Subsistenzwirtschaft hin zu einer marktorientierten Produktion einhergehend mit dem Motiv der Gewinnmaximierung.

So ist, wie das Beispiel der Kumaon-Region gezeigt hat, der Anteil des kultivierten Landes in den letzten Jahren stark angestiegen, was vor allem zu einem Rückgang der für die Bergbewohner lebenswichtigen Waldflächen zur Tierfutter- und Düngerproduktion geführt hat.

Das Beispiel der Garhwal-Region hat dann gezeigt, dass diese Ausweitung auch mit dem Wandel der Anbauprodukte einhergeht. Die traditionellen Anbauprodukte, deren Nebenprodukte zur Tierfütterung genutzt werden konnten, werden zu Gunsten der sog. „cash crops" wie z.B Kartoffeln aufgegeben, die gewinnbringend auf den lokalen Märkten verkauft werden können. So nimmt zwangsläufig die Intensität der Beweidung sowie die Beschneidung der Wälder zur Futterproduktion zu, was die Bodenerosion stark erhöht und so zu einer verstärkten Degradation der Flächen führt.

Da die Ernten und die Viehpopulationen nur durch den Input von Biomasse aus den Wäldern aufrecht erhalten werden können, wird sich die stetige Zunahme der Entwaldung letztlich negativ auf die Erträge der Bauern und so auch hinsichtlich der Nahrungsmittelversorgung auf die lokale Bevölkerung auswirken. Dies führt zu einer erhöhten Verwundbarkeit der Region und macht sie, sowohl für ökonomische als auch umweltbedingte Veränderungen, anfälliger, was einer nachhaltigen Entwicklung entgegensteht.

Deswegen ist wie in Kapitel 5 aufgezeigt wurde, eine nachhaltige Strategie notwendig um die traditionellen Anbauprodukte wiederzubeleben und so die anhaltende Degradation der Flächen aufzuhalten. Die Sektoren Landwirtschaft, Forstwirtschaft und ökonomische Entwicklung dürfen nicht mehr als unabhängig voneinander betrachtet werden, sondern müssen durch eine integrative Politik die alle Bereiche miteinschließt zusammengeführt werden.

Chapman, G.P. & Thompson, M. (Hrsg.) 1995: Water and the Quest for Sustainable Development in the Ganges Valley.- Global Development and the Environment Series. Mansell Publishing Limited, London.

Ghosh, S., Sen K.K., Rana, U., Rao K.S., & Saxena K.G (1996): Application of GIS for Land-Use/Land-Cover Change Analysis in a Mountainous Terrain. In: Journal of the Indian Society of Remote Sensing, **24** (3): 194-202.

Löffler; J. & Stadelbauer, J. (Hrsg.) 2008: Diversity in Mountain Systems. Colloquium Geographicum, **31**, Geographisches Institut der Universität Bonn.

Messerli, B. & Hofer, T. (1995): Assessing the Impact of Anthropogenic Land Use Change in the Himalayas. In: Chapman, G.P. & Thompson, M. (Hrsg.): Water and the Quest for Sustainable Development in the Ganges Valley. Global Development and the Environment Series: 64-89.

Nüsser, M. (2003): Ressourcennutzung und Umweltveränderung: Mensch-Umwelt-Beziehungen in peripheren Gebirgsräumen. In: Meusburger, P. & Schwan, T. (Hrsg.): Humanökologie. Ansätze zur Überwindung der Natur-Kultur-Dichotomie. Erdkundliches Wissen, **135**, Stuttgart.

Nüsser, M. (2006): Ressourcennutzung und nachhaltige Entwicklung im Kumaon-Himalaya (Indien). In: Geographische Rundschau, **58** (10): 14-22.

Nüsser, M. & Gerwin, M. (2008): Diversity, Complexity and Dynamics: Land Use Patterns in the Central Himalayas of Kumaon, Northern India. In: Löffler, J. & Stadelbauer, J. (Hrsg.): Diversity in Mountain Systems. Colloquium Geographicum, **31**, 107-119.

Rao, K.S., Semwal, R.L., Maikhuri, R.K., Nautiyal, S. Sen, K.K., Singh, K., Chandrasekhar, K. & Saxena, K.G. (2003): Indigenous ecological knowledge, biodiversity and sustainable development in the central Himalayas. In: Tropical Ecology, **44**, (1): 93-111.

Saxena, K.G., Maikhuri, R.K., Rao, K.S. (2005): Changes in Agricultural Biodiversity: Implications for Sustainable Livelihood in the Himalaya. In: Journal of Mountain Science, **2** (1): 23-31.

Semwal, R.L., Nautiyal, S., Sen, K.K., Rana, U., Maikhuri, R.K., Rao, K.S. & saxena, K.G. (2004): Patterns and ecological implications of agricultural land-use changes: a case study from central Himalaya, India. In: Agrculture, Ecosystems and Environment, **102**: 81-92.

Sen, K.K., Semwal, R.L., Rana, U., Nautiyal, S., Maikhuri, R.K., Rao, K.S. & Saxena, K.G. (2002): Patterns and Implications of Land Use/Cover Change. A Case Study in Pranmati Watershed (Garhwal Himalaya, India). In: Mountain Research and Development, **22** (1): 56-62.

Singh, K., Maikhuri, R.K. & Rao, K.S. (2008): Characterizing land-use diversity in village landscapes for sustainable mountain development: a case study from Indian Himalaya. In: Environmentalist, **28**: 429-445.

Tiwari, P.C. (2000): Land-Use Changes in Himalaya and their Impact on the plains ecosystem: need for sustainable land use. In: Land Use Policy, **17**: 101-111.

Vishwambar, P.S. (2005): Systems of Agriculture Farming in the Uttaranchal Himalaya, India. In: Journal of Mountain Science, **2** (1): 76-85.

Zurick, D., Pacheco, J., Shrestha, B. & Bajracharya, B. (2005): Atlas of the Himalaya. International Centre for Integrated Mountain Development (ICIMOD). Kathmandu.

Internetquellen:

Directorate of Economics and Statistics. Departement of Agriculture and Cooperation, Ministry of Agriculture. Government of India (2008): Distribution of Agricultural Land by Use in India for 1950-51, 1960-61,1970-71,1980-81 and 1990-91 to 2005-06. http://dacnet.nic.in/eands/At_Glance_2008/as_new.htm 23.04.2009.

Otto, T. (2000): Uttarakhand (Uttaranchal). Indiens neuer Unionsstaat im Himalaya. http://www.suedasien.info/laenderinfos/467 20.04.2008.